AF311316

THÈSES

DE MÉCANIQUE

ET

D'ASTRONOMIE.

15785

acq. cat. 3647

THÈSES

DE MÉCANIQUE ET D'ASTRONOMIE,

POUR LE DOCTORAT,

SOUTENUES DEVANT LA FACULTÉ DES SCIENCES DE L'ACADÉMIE
DE PARIS,

PAR LEFEBURE DE FOURCY,

*Ancien Elève de l'École Polytechnique, et Répétiteur-Adjoint d'Analyse et de
Mécanique à cette Ecole.*

BIBLIOTHÈQUE ROYALE

PARIS,

DE L'IMPRIMERIE DE D. COLAS, RUE DU VIEUX-COLOMBIER, N° 26,
Faubourg Saint-Germain.

1811.

(20)

A Monsieur **LACROIX,**

MEMBRE DE L'INSTITUT,

ET

DE LA LÉGION D'HONNEUR,

DOYEN DE LA FACULTÉ DES SCIENCES DE PARIS.

Hunc video mihi principem et ad suscipiendam
et ad ingrediendam rationem horum studiorum
extitisse.

Cic. *pro Archiâ.*

AU LECTEUR.

Tout aspirant au Doctorat dans la Faculté des Sciences, doit soutenir deux Thèses, l'une sur la Mécanique et l'autre sur l'Astronomie. Desirant obtenir ce grade, j'ai choisi pour sujet de la première l'Hydrodynamique, et pour sujet de la seconde l'attraction des Sphéroïdes et la figure des Planètes. Je réunis ici ces deux Thèses telles qu'elles ont été présentées à la Faculté : elles ne sont, pour ainsi dire, que des Programmes dans lesquels cependant j'expose succinctement quelques démonstrations nouvelles (1), et j'indique plusieurs développemens utiles.

Dans la Thèse de Mécanique, j'établis les *équations du mouvement des fluides* en employant, ainsi que l'a fait M. Lagrange, le fameux principe de d'Alembert, et celui des *vitesses virtuelles.* Je fais ensuite l'application des équations générales à la *Théorie du son* (2); j'expose les lois de sa *propagation* d'après la belle Analyse donnée par M. Poisson (*Journ. de l'Ec. Polyt.*, Tome VII), et j'essaye de lever une difficulté qui se présente dans cette Théorie, et dont les Géomètres n'ont donné aucune solution.

Les Géomètres qui, depuis Newton, se sont occupés des Théories qui font l'objet de la seconde Thèse, et ont le plus

---

(1) *Voyez* les parties en petit texte.

(2) Dans la note (*e*) de la Thèse de Mécanique, j'ai fait une omission que je répare ici. L'on doit compter M. Laplace parmi les savans qui ont travaillé à la *Théorie du son.* (Voyez les *Mém. de l'Ac. des Sc.* 1779.)

contribué à les perfectionner, sont : MACLAURIN, D'ALEMBERT, MM. LAGRANGE, LEGENDRE et LAPLACE. J'ai suivi, en y faisant plusieurs changemens, la savante méthode donnée par ce dernier Géomètre, Tome II de sa *Méc. cél.* L'analyse relative à ces questions est une des plus épineuses, et, par cette raison, je n'ai pas été éloigné de renverser presqu'entièrement l'ordre de l'auteur pour mettre en avant, comme lemmes, les propositions de pure analyse, et placer ensuite, comme applications, tout ce qu'on en déduit sur l'attraction des sphéroïdes : mais cette marche est peu goûtée aujourd'hui, et je ne l'ai pas employée, quoiqu'à cet égard j'adopte l'opinion de MACLAURIN, qui s'exprime ainsi dans son introduction au traité des fluxions : *These preliminary Propositions are generally valuable on their own Accunt, and render our View of the whole Subject more clear and compleat.*

De même peu s'en est fallu que je ne cédasse au plaisir de faire un court exposé des travaux des Géomètres sur la matière de cette seconde Thèse ; il aurait rappelé combien de découvertes sont dues à M. LEGENDRE particulièrement : mais j'ai pensé qu'il ne m'appartenait point de chercher à fixer les opinions à cet égard. Je n'ai pas négligé cependant de répandre dans mon travail quelques citations que je crois très-exactes et qui, par ce motif, ne déplairont pas au Lecteur.

PROFESSEURS

De la Faculté des Sciences de l'Académie de Paris.

CALCUL DIFF. ET INT.   LACROIX, Doyen.

ASTRONOMIE........ { BIOT,
DINET, *Adjoint.*

MÉCANIQUE.........   POISSON.

HAUTE ALGÈBRE. . . .   FRANCOEUR.

PHYSIQUE.......... { GAY LUSSAC,
HACHETTE, *Adjoint.*

CHIMIE.............   THENARD.

MINÉRALOGIE...... { HAUY,
BRONGNIARD, *Adjoint.*

BOTANIQUE......... { DESFONTAINES,
MIRBEL, *Adjoint.*

ZOOLOGIE.........   GEOFFROY SAINT-HILAIRE.

BIBLIOTHÈQUE IMPÉRIALE IMPR.

THÈSE DE MÉCANIQUE.

ÉQUATIONS GÉNÉRALES
DU MOUVEMENT DES FLUIDES,

ET

APPLICATION DE CES ÉQUATIONS A LA THÉORIE DU SON.

Fluides incompressibles.

1°. De quelle nature sont les données qui déterminent toutes les circonstances du mouvement d'un système quelconque, et d'une masse fluide en particulier.

2°. Les coordonnées d'une molécule peuvent varier de trois manières. Signes qui se rapportent à ces différentes variations.

3°. Equations générales du mouvement des fluides (*a*).

4°. Interprétation de l'équation qui se rapporte aux limites du fluide ; détermination de la pression ; équation de la surface libre.

5°. Première transformation des équations du mouvement, en d'autres qui ne contiennent que des coefficiens différentiels relatifs au tems et aux coordonnées initiales. Simplification de ces dernières.

6°. Autre transformation, en prenant pour inconnus les vitesses p, q, r de chaque molécule, suivant ses trois coordonnées rectangulaires x, y, z ; ce qui donne la forme la plus simple.

(*a*) Pour arriver à ces équations , j'entre dans des détails qui me paraissent mettre l'analyse de M. Lagrange dans un plus grand jour.

7°. (*b*) X, Y, Z étant les forces accélératrices, si l'on suppose que $X\,dx + Y\,dy + Z\,dz$ soit une différentielle exacte, et que le fluide soit homogène, le mouvement dépend des conditions d'intégrabilité de l'expression

$$\left(\frac{dp}{dt} + p\frac{dp}{dx} + q\frac{dp}{dy} + r\frac{dp}{dz}\right)dx + \left(\frac{dq}{dt} + p\frac{dq}{dx} + q\frac{dq}{dy} + r\frac{dq}{dz}\right)dy + \left(\frac{dr}{dt} + p\frac{dr}{dx} + q\frac{dr}{dy} + r\frac{dr}{dz}\right)dz.$$

Comparons-la donc à la formule $A\,dx + B\,dy + C\,dz$, dont les conditions d'intégrabilité sont,

$$\frac{dA}{dy} - \frac{dB}{dx} = 0,\ \frac{dA}{dz} - \frac{dC}{dx} = 0,\ \frac{dB}{dz} - \frac{dC}{dy} = 0.$$

En faisant $\frac{dp}{dy} - \frac{dq}{dx} = l$, $\frac{dp}{dz} - \frac{dr}{dx} = m$, $\frac{dq}{dz} - \frac{dr}{dy} = n$, ces équations en produiront d'autres que je désignerai par

$$(1) = 0,\ (2) = 0,\ (3) = 0.$$

Celles-ci sont évidemment vérifiées en prenant $l = 0$, $m = 0$, $n = 0$, ce qui revient à supposer $p\,dx + q\,dy + r\,dz$ différentielle complète.

L'on est assuré que l'expression $p\,dx + q\,dy + r\,dz$ est une différentielle exacte pendant toute la durée du mouvement, lorsqu'elle l'est à un instant quelconque. Il suffit de démontrer qu'en la supposant telle au bout du tems t_0 elle le sera pour tous les instans compris entre t_0 et $t_0 + \theta$, θ étant aussi petit que l'on voudra, l'on peut mettre dans ce cas p, q, r; l, m, n sous la forme

$$p = p_0 + p_{,}\theta\ldots + p_{,}\theta^v\ldots,\ q = q_0 + q_{,}\theta\ldots + q_{,}\theta^v\ldots,\ r = r_0 + r_{,}\theta\ldots + r_{,}\theta^v\ldots,$$

$$l = l_0 + l_{,}\theta\ldots + l_{,}\theta^v\ldots,\ m = m_0 + m_{,}\theta\ldots + m_{,}\theta^v\ldots,\ n = n_0 + n_{,}\theta\ldots + n_{,}\theta^v\ldots,$$

et $l_{,} = 0$, $m_{,} = 0$, $n_{,} = 0$ seront les conditions qui rendent $p_{,}\,dx + q_{,}\,dy + r_{,}\,dz$ intégrable. Pour faire les substitutions dans les équations (1) (2) (3), je prends les développemens précédens comme il suit:

$$p = P + p_{,}\theta^v + \text{etc.},\ q = Q + q_{,}\theta^v + \text{etc.},\ r = R + r_{,}\theta^v + \text{etc.},\ l = L + l_{,}\theta^v + \text{etc.},\ m = M + m_{,}\theta^v + \text{etc.};$$

$n = N + n_{,}\theta^v + \text{etc.}$, et les équations (1), (2), (3) se transformeront en d'autres que je désignerai par

$$(4) = 0,\ (5) = 0,\ (6) = 0.$$

Si l'on suppose $L = 0$, $M = 0$, $N = 0$, c'est-à-dire, $P\,dx + Q\,dy + R\,dz$ et intégrable, ces équations donneront $l_{,} = 0$, $m_{,} = 0$, $n_{,} = 0$; donc si l'expression $P\,dx + Q\,dy + R\,dz$ est intégrable en comprenant dans P, Q, R tous les termes de p, q, r jusqu'à la puissance $v - 1$ de θ, elle le sera également en y comprenant ceux du degré supérieur; mais elle est telle en prenant $P = p_0$, $Q = q_0$, $R = r_0$, donc...........

8°. Énumération de trois cas où $p\,dx + q\,dy + r\,dz$ est intégrable.

9°. Cas dans lequel la masse fluide homogène n'a qu'un mouvement uniforme de rotation autour d'un axe (*c*). L'expression $p\,dx + q\,dy + r\,dz$ n'est pas intégrable : donc, *l'on ne doit jamais la supposer telle dans les recherches sur le flux et le reflux.*

(*b*) L'analyse de cet article est tout-à-fait différente de celle de M. LAGRANGE.

(*c*) J'appuyerai sur cet article la recherche de la figure des planètes.

Fluides compressibles et élastiques.

10°. L'on introduit l'élasticité dans les équations du mouvement, en considérant la pression qu'elle détruit, comme une nouvelle force qui agit sur chaque face du parallélipipède que l'on prend pour la molécule fluide (*d*).

11°. On ramène les équations générales au plus grand degré de simplicité.

12°. Pour les appliquer à la théorie du son (*e*), l'on suppose qu'une très-petite portion d'air ait été comprimée ou dilatée, et que des vitesses quelconques aient été imprimées aux molécules qui la composent. L'on fait abstraction de la pesanteur, et l'on regarde comme constantes dans toute l'étendue de l'air, la température et la densité initiales, mais l'on a égard au développement de la chaleur produite pendant le mouvement.

En négligeant les carrés des vitesses et des condensations l'on arrive à une équation du second ordre qui contient les coeff. diff. d'une fonction de quatre variables, et qui n'est pas intégrable (*f*).

13°. L'on introduit les coordonnées polaires dans cette équation. Si l'on conçoit une sphère du rayon r, dont le centre soit à l'origine, et que l'on estime la vitesse de chaque particule d'air située à sa surface, suivant son rayon vecteur, en nommant S la somme de ces vitesses, multipliées par l'élément de la surface, l'on a (art. V, p. 335 du *Mém.* de M. POISSON, *Jour. de l'Ec. Polyt.* tome VII.)

$$S = r f' (r-at) - f(r-at) + r F'(r+at) - F(r+at),$$

f et F étant des fonctions arbitraires, dont les coeff. diff. relatifs à r sont $f'(r-at)$ et $F'(r+at)$. Prenons pour la portion d'air primitivement ébranlée une sphère d'un rayon a, au centre de laquelle on supposera l'origine : S devra devenir zéro pour toutes les valeurs de $r > a$, lorsqu'on fera $t=0$: cette condition est remplie si pour toutes ces valeurs de r, fr et Fr sont zéro. Donc $f(r-at)$ sera zéro tant qu'on aura $r-at > a$, et $F(r+at)$ le sera tant qu'on aura $r+at > a$. Cette dernière inégalité a lieu pour les molécules éloignées, et l'on a simplement

$$S = r f'(r-at) - f(r-at).$$

(*d*) Cette manière a l'avantage de conserver au principe des vitesses virtuelles toute sa pureté.

(*e*) Voici les auteurs qui se sont occupés de la théorie du son : NEWTON, dans ses *Prin.*, liv. II, sect. VIII ; M. LAGRANGE, Turin, tom. I et II. EULER, Berlin, 1759, 1765, Turin, tom. II, *Novi Comm.* 1771 ; D. BERNOUILLI, *Ac. des sc.* 1762; LAMBERT, Berlin, 1768, 1775; M. PARSEVAL, sav. étr. de *l'Inst.* tom. I. M. POISSON, *Journ. de l'Ec. Polyt.* 14ᵉ cahier.

(*f*) *Mémoire* de M. LEGENDRE, *Ac. des scienc.* 1787.

Pour achever de lier l'état actuel de l'air à son état initial, il faut déterminer la nature de f relativement aux valeurs négatives de r—at. En remarquant que des valeurs du rayon égales et de signes contraires déterminent toujours la même sphère, on conclut que fr doit être zéro pour toutes les valeurs négatives de $r \gtrdot a$; donc $f\left(r\!-\!at\right)$, en ne considérant que les valeurs positives de r, doit encore être zéro lorsque at—r est une quantité positive $\gtrdot a$.

Si l'on examine la nature de f et F relativement aux valeurs négatives de r, on reconnaît qu'elles ne font qu'échanger leurs rôles, et l'on a cette conclusion : *L'onde sonore conserve la forme sphérique, son épaisseur est* $2\,a$, *et sa vitesse est égale à* a. (g).

14°. L'intégration en séries de l'équation polaire donne aussi ce théorème : elle détermine la vitesse de chaque particule d'air, et montre que, lorsqu'elle est fort éloignée du centre de l'ébranlement, *elle se meut sur une droite partant de ce centre, et que les vitesses des molé-*

(g) M. Poisson ne trouve qu'une épaisseur égale à a, ce qui me semble résulter de ce qu'il suppose immobile la molécule placée au centre de la sphère primitivement ébranlée. Quant à la détermination d'une sphère par un rayon négatif, elle me parait dériver de ce principe admis par les géomètres depuis Descartes, savoir :

Lorsqu'une variable x *représente une distance mesurée sur une ligne quelconque, à partir d'un point fixe, dans un sens déterminé, les valeurs négatives de cette variable doivent se porter à partir du même point dans le sens opposé.*

Ce principe procure trois avantages :

1°. Il rectifie toujours les erreurs des suppositions.

2°. Il réunit en une seule des formules appropriées aux différens cas d'une même question.

3°. Enfin, il donne aux lignes représentées par les équations une extension qu'on ne saurait leur ôter sans rompre la loi de continuité.

Ainsi l'équation polaire $r = \dfrac{c^2 - a^2}{a - c\,cos.\,\omega}$ construit toute l'hyperbole en faisant varier l'angle ω jusqu'à 400° : elle n'en donne qu'une branche quand on rejette les valeurs négatives de r.

L'équation $r = cos.\,\omega - \dfrac{1}{2}$ donne une courbe qui a un *point double* à l'origine : en rejetant les valeurs négatives de r, elle s'arrête brusquement à ce point.

On peut encore considérer l'équation précédente comme celle de la trajectoire d'un point qui se meut sur une droite mobile autour de l'origine, et formant un angle ω avec une droite fixe; à une certaine époque le point doit passer sur le prolongement de la droite mobile ; r doit donc devenir négatif : autrement l'équation induirait en erreur sur la position de ce point.

Il est utile de remarquer que, si l'on n'envisage que la description des courbes, il suffira dans beaucoup de cas de faire varier ω jusqu'à 200^b, en prenant le rayon vecteur avec son signe; ou de ne conserver que les valeurs positives de ce rayon, mais de faire varier ω jusqu'à 400°. Exemple, l'équation de l'ellipse : $r^2 = \dfrac{a^2\,b^2}{a^2\,sin.^2\,\omega + b^2\,cos.^2\,\omega}$. C'est ainsi qu'en statique l'on peut agir une force dans tous les sens autour de l'origine, en la considérant toujours comme positive, et en prenant ω depuis zéro jusqu'à 400°; mais on atteint le même but en lui donnant 200° pour limite et prenant des forces positives et négatives.

(5)

cules situées sur un même rayon sont réciproques à leurs distances au centre.

15°. Mélange des sons simultanés. Démonstration pour ce cas du principe de D. Bernouilli sur la coexistence des petites oscillations.

16°. Nouvelle forme de l'intégrale générale plus commode pour l'explication des échos. Analogie entre la réflexion du son et celle de la lumière.

17°. Mouvement d'une ligne d'air sans supposer les vitesses très-petites. L'on arrive à une équation qui contient les coeff. diff. du second ordre d'une fonction de deux variables (*h*). M. Poisson l'intègre par un système de deux équations qui ne renferme qu'une fonction arbitraire, et cette intégrale particulière suffit pour donner les lois de la propagation du son, en supposant que la vitesse des molécules d'air ne surpasse jamais la racine carrée du rapport de l'élasticité et de la densité initiales. L'on conclut que *la double fibre sonore formée de part et d'autre du centre de l'ébranlement primitif a une longueur et une vitesse constantes* (*i*).

(*h*) Elle n'est pas linéaire , elle est un cas de la suivante :

$$\mathrm{P}\,\frac{d^2 z}{dx^2}+\mathrm{Q}\,\frac{d^2 z}{dx\,dy}+\mathrm{R}\,\frac{d^2 z}{dy^2}\,z=0.$$

P, Q, R étant des fonctions des coefficiens différentiels $\frac{dr}{dx}$, $\frac{dr}{dy}$, représentés pár p et q. En traitant cette équation , qui comprend aussi celle de la moindre surface , M. Legendre , *Ac. des Sc.* 1787 , p. 314 , l'a ramenée à la forme linéaire , en faisant $x\,dp+y\,dq=d\omega$. Alors elle s'intègre par intégrales définies , *Mém.* de M. de Laplace , *Ac. des Sc.* 1779 , p. 268; mais , comme l'observe M. Poisson , cette intégrale n'apprend rien sur la propagation du son.

(*i*) Proposition démontrée d'abord par M. Lagrange , aux quantités du troisième ordre près , *Mél.* de Turin , tome II.

Vu par le Doyen de la Faculté des Sciences,

S.-F. LACROIX.

THÈSE D'ASTRONOMIE.

DE L'ATTRACTION DES SPHÉROÏDES

ET

DE LA FIGURE DES PLANÈTES.

Attraction des sphéroïdes.

1º. a, b, c étant les coord. rectang. du point attiré; x, y, z celles d'un molécule quelconque μ d'un sphéroïde; si l'on nomme A, B, C les attractions parallèles aux trois axes, l'on aura

$$A = \int \frac{\mu\,(a-x)}{[(a-x)^2+(b-y)^2+(c-z)^2]^{\frac{3}{2}}}, \quad B = \int \frac{\mu\,(b-y)}{[\ldots]^{\frac{3}{2}}}, \quad C = \int \frac{\mu\,(c-z)}{[\ldots]^{\frac{3}{2}}},$$

les intégrations devant s'étendre à la masse entière du sphéroïde.

2º. Prenons le point attiré pour origine, et employons les coord. pol. soit r le rayon vecteur de la molécule μ, θ l'angle qu'il fait avec l'axe des x, et ω celui qui est compris entre le plan des xy et celui qui passe par cet axe et par ce rayon, l'on aura, le sphéroïde étant homogène, $\mu = r^2 dr\, d\theta\, d\omega \sin.\theta$; par conséquent, si le point attiré est intérieur, il viendra

$$(1)\ldots A = f(r''+r')\,d\theta\,d\omega \sin.\theta \cos.\theta, \quad B = f(r''+r')\,d\theta\,d\omega \sin.^2\theta \cos.\omega, \quad C = f(r''+r')\,d\theta\,d\omega \sin.^2\theta \sin.\omega,$$

r'' et r' représentant deux rayons diamétralement opposés. Les limites des intégrales sont $\theta = 0$, $\theta = \pi$, et $\omega = 0$, $\omega = \pi$.

Si le point attiré est extérieur, en nommant le rayon r' à son entrée, et r'' à sa sortie, on aura

$$(2)\ldots A=\int(r''-r')\,d\theta\,d\omega\sin.\theta\cos.\theta,\quad B=\int(r''-r')\,d\theta\,d\omega\sin.^2\theta\cos.\omega,\quad C=\int(r''-r')\,d\theta\,d\omega\sin.^2\theta\sin.\omega,$$

les limites des intégrales étant données par l'équation $r''-r'=0$.

3°. *Lorsque le sphéroïde est un ellipsoïde homogène*, les formules (1) ne dépendent des axes de l'ellipsoïde que par les rapports de deux d'entre eux au troisième ; d'où l'on conclut que *un point, situé au dedans d'une couche terminée par les surfaces de deux ellipsoïdes semblables et semblablement placés, est également attiré en tous sens.*

Intégration des formules (1), (*a*). Les attractions A, B, C dépendent d'une même intégrale définie, qui a toutes les difficultés d'une intégrale indéfinie.

Lorsque l'ellipsoïde est de révolution, l'intégration devient possible.

4°. Lorsque le point attiré est extérieur, l'attraction dépend des formules (2). Leur intégration est fort compliquée, mais elle se simplifie beaucoup lorsque le point attiré est dans le plan d'une section principale. Supposons qu'il soit dans celle des b et c, on trouve

$$(3)\ldots\ldots A=0,\quad B=Mu,\quad C=M\rho,$$

M étant la masse du sphéroïde, u et ρ des fonctions des excentricités.

Pour avoir généralement A, B, C, on remarque, qu'en nommant V la somme des molécules divisées respectivement par leurs distances au point attiré, les attractions du n° 1 sont données par les formules

$$(4)\ldots\ldots\ldots A=-\frac{dV}{da},\quad B=-\frac{dV}{db},\quad C=-\frac{dV}{dc},$$

Et que la fonction V satisfait à l'équation

$$(A)\ldots\ldots\ldots\frac{d^2V}{da^2}+\frac{d^2V}{db^2}+\frac{d^2V}{dc^2}=0.$$

Supposons que les axes de l'ellipsoïde soient ceux des coord. a, b, c, la fonction V pourra s'exprimer ainsi

$$V=\varphi+\varphi_1\,a^2+\varphi_2\,a^4\ldots\ldots+\varphi_n\,a^{2n}+\text{etc.},$$

φ, φ_1, etc. étant des fonctions de b et c sans a. Substituant dans l'équation (A), on trouve

$$(5)\ldots\ldots\ldots(2n+2)(2n+1)\varphi_{n+1}+\frac{d^2\varphi_n}{db^2}+\frac{d^4\varphi_n}{dc^2}=0.$$

(*a*) L'analyse que j'ai suivie jusqu'à ce n°, a été donnée par M. LAGRANGE, *Mém. de Berlin*, 1773.

D'ailleurs les formules (4) donnent

$$A = -2\varphi_1 a - 4\varphi_2 a^3 - \text{etc.}, \quad B = -\frac{d\varphi}{db} - \frac{d\varphi_1}{db} a^2 - \text{etc.}, \quad C = -\frac{d\varphi}{dc} - \frac{d\varphi_1}{dc} a^2 - \text{etc.}$$

En faisant $a = 0$, ces valeurs deviennent $A = 0$, $B = -\dfrac{d\varphi}{db}$, $C = -\dfrac{d\varphi}{dc}$. Ce sont les attractions relativement à la projection du point donné sur le plan des $y z$. Supposons que cette projection soit extérieure à l'ellipse que renferme ce plan, on aura, par le n° 3,

$$\frac{d\varphi}{db} = -M u, \quad \frac{d\varphi}{dc} = -M v,$$

M, u, v conservant la même acception. L'équation (5) donnera pour φ_1, φ_2, …; $\dfrac{d\varphi_1}{db}$; $\dfrac{d\varphi_1}{dc}$, … des produits de même forme ; par conséquent les séries qui font connaître A, B, C ne dépendent des trois axes du sphéroïde que par les excentricités ; cette conclusion doit subsister, quelle que soient les coord. a, b, c, pourvu que le point attiré soit toujours extérieur, *donc des ellipsoïdes décrits des mêmes foyers exercent, sur un point extérieur, des attractions proportionnelles à leurs masses et dirigées suivant la même droite* (b).

Ce théorème ramène le calcul de l'attraction, lorsque le point attiré est extérieur, au cas où il est à la surface de l'ellipsoïde.

5°. *Quel que soit le sphéroïde*, l'attraction dépend de la fonction V, n° 4. En faisant $T = \{(x - a^2) + (y - b)^2 + (z - c)^2\}^{-\frac{1}{2}}$, T sera assujéti à

(b) Ce théorème a été énoncé d'abord par MACLAURIN, relativement aux points situés sur un des axes, et ce géomètre en a donné une démonstration synthétique, *tr. des flux.* art. 645,…. 653. D'ALEMBERT, après avoir élevé des doutes sur la vérité de la proposition de MACLAURIN, en a donné une démonstration analytique, *Mém. de Berlin*, 1774 et tom. VII de ses *Opusc.* M. LAGRANGE en a également donné une qu'il a insérée *Mém. de Berlin*, 1775, comme addition à son *Mém.* de 1773. M. LEGENDRE, le premier, a énoncé le théorème généralement, et ne l'a démontré que pour les ellipsoïde de révolution, *Sav. Ét.*, tom. X. Enfin, M. LAPLACE, dans son ouvrage intitulé *Théorie des mouvemens et de la figure des Planètes*, en a donné une démonstration générale fondée sur trois équations qu'il s'est borné à vérifier. Ce géomètre les a remplacées dans le traité qui a pour titre *Théorie des Attractions des Sphéroïdes*, etc., par une équation unique qu'il a aussi reproduite dans sa *Méc. cél.* avec une légère simplification. Dans la Ire part. du tome 15 des *Mém. de la Soc. ital.* M. PLANA a essayé d'arriver par une voie directe aux trois équations de M. LAPLACE ; mais ses calculs ont peut-être le défaut de paraître accommodés à la forme de ces équations. Au reste, en cherchant à les vérifier, l'on trouve des réductions qui, prises dans un certain ordre, donnent précisément les équations dont la combinaison forme l'analyse de M. PLANA. M. LEGENDRE a donné une démonstration directe du théorème, *Ac. des Sc.* 1738. Il a remarqué, le premier, le cas où le point attiré est dans le plan d'une section principale ; alors l'intégration réussit sans être trop compliquée. Adoptant l'analyse relative à ce cas donnée par ce géomètre, j'en ai conclu la proposition générale, en me servant d'une remarque faite par M. BIOT dans un *Mém*. inséré parmi ceux de l'Institut, tome IV, p. 215. Je n'ai rien emprunté du reste de ce mémoire.

une équation semblabe à (A), savoir :

$$\frac{d^2T}{da^2} + \frac{d^2T}{db^2} + \frac{d^2T}{dc^2} = 0.$$

Pour passer aux coord. pol., nommons r le rayon vecteur du point attiré, u le cosinus de l'angle qu'il fait avec une ligne fixe passant par l'origine, et ω l'angle formé par le plan qui contient ces deux droites avec un plan fixe mené par la dernière; l'équation précédente devient

$$\text{B}\ldots\ldots\ldots \quad r\frac{d^2 rT}{dr^2} + \frac{d(1-u^2)\frac{dT}{du}}{du} + \frac{1}{1-u^2}\frac{d^2T}{d\omega^2} = 0.$$

r', u', ω' étant les coord. pol. de la molécule μ, dont nous représenterons la densité par Δ, l'on a $\mu = \Delta\, r'^2\, du'\, d\omega'$, et

$$T = \left[r^2 - 2rr'\{uu' + \sqrt{1-u^2}\,\sqrt{1-u'^2}\cos.(\omega-\omega')\} + r'^2\right]^{-\frac{1}{2}}.$$

6°. Pour obtenir V, on développe T comme il suit :

$$T = \frac{1}{r}\left\{T_0 + T_1\frac{r'}{r}\ldots + T_n\frac{r'^n}{r^n}\right\}.$$

En substituant cette série dans l'équation B, on reconnaît que T_n est assujéti à la suivante :

$$\text{C}\ldots\ldots\ldots \quad n(n+1)T_n + \frac{d(1-u^2)\frac{dT_n}{du}}{du} + \frac{1}{1-u^2}\frac{d^2T_n}{d\omega^2} = 0.$$

Prenons l'origine dans l'intérieur du sphéroïde, et faisons

$$V_n = \int r'^n T_n\mu, \qquad v_n = \int \frac{T_n\mu}{r'^{n+1}},$$

On aura pour exprimer V les séries

$$V = \frac{V_0}{r} + \frac{V_1}{r^2}\ldots + \frac{V_n}{r^{n+1}} + \text{etc.}, \qquad V = v_0 + v_1 r + v_2 r^2\ldots + v_n r^n.$$

La première convient au cas où le point attiré est extérieur, la seconde à celui où il est intérieur. Quant aux intégrales qui donnent V_n et v_n, elles ont pour limites, lorsque le solide est sans cavité, $r' = 0$ et $r' = R$ (R étant le rayon de la surface), $u = -1$ et $u = 1$, $\omega = 0$ et $\omega = 2\pi$.

V_n et v_n, pris au lieu de T_n, vérifient l'équation (B). Ces coëfficiens sont d'ailleurs, ainsi que T_n, des fonctions rationnelles et entières de l'ordre n en u, $\sqrt{1-u^2}$ sin. ω, $\sqrt{1-u^2}$ cos. ω. T_n est de plus symétrique en u et u', ω et ω'.

7°. Pour déterminer T_n, on observe que ce coëff. peut se développer suivant les cosinus des multiples de l'arc $\omega - \omega'$: ainsi l'on a

$$T_n = \beta_0 + \beta_1 \cos. (\omega - \omega') \ldots + \beta_m \cos. m (\omega - \omega') \ldots + \beta_n \cos. n (\omega - \omega').$$

L'on trouve qu'en vertu de l'équation (C), à laquelle T_n est assujéti, n° précéd. β_m doit vérifier la suivante :

$$m (m + 1) \beta_m - \frac{m^2 \beta_m}{1 - u^2} + \frac{d.(1 - u^2)\frac{d\beta_m}{du}}{du} = 0 :$$

d'un autre côté, il est évident que β_m est de la forme

$$(1 - u^2)^{\frac{m}{2}} (A_0 u^{n-m} + A_1 u^{n-m-2} \ldots + A_s u^{n-m-2s} + \text{etc.}),$$

et la substitution de cette expression dans l'équation précédente fait connaître tous les coëff. au moyen du premier A_0, qui devient facteur de β_m. Cette dernière quantité prend donc la forme $A_0\, U$, U désignant une fonction connue de u. Comme β_m doit être symétrique en u et u', l'on décompose sur-le-champ A_0 en deux facteurs dont l'un γ est numérique, et l'autre, que je désignerai par U', n'est autre chose que U où l'on a remplacé u par u'. Il vient ainsi $\beta_m = \gamma\, U U' \; (c)$. Quant à γ, on en trouve la valeur par le développement immédiat de T, en s'aidant, pour cette recherche, des formules qui expriment les cosinus en exponentielles.

8°. Le n° précédent fait connaître la forme générale de toute fonction X_n qui est, comme V_n et v_n, rationnelle et entière de l'ordre n en u, $\sqrt{1-u^2}$ sin. ω, $\sqrt{1-u^2}$ cos. ω, et assujétie à la même équation différentielle (B).

Toute fonction S rationnelle et entière de l'ordre s en u, $\sqrt{1-u^2}$ sin. ω, $\sqrt{1-u^2}$ cos. ω, peut se réduire en une série finie $X_0 + X_1 \ldots + X_n \ldots + X_s$, dont chaque terme soit tel qu'il vient d'être dit ci-dessus.

(c) Cette décomposition de β_m est très-remarquable : l'on doit en chercher la première idée dans le *Mém.* de M. LEGENDRE déjà cité, *Sav. Etr.* tome X.

(12)

9°. THÉORÈME. La fonction X_n du n°. précédent ne peut point vérifier l'équation

$$0 = n'(n'+1)X_n + \frac{d.(1-u^2)\frac{dX_n}{du}}{du} + \frac{1}{1-n^2}\frac{d^2X_n}{d\omega^2}$$

dans laquelle n' est un nombre différent de n.

10°. THÉORÈME. Si X_n et $X'_{n'}$ sont des fonctions rationnelles et entières en u, $\sqrt{1-u^2}\sin.\omega$, $\sqrt{1-u^2}\cos.\omega$, assujéties aux équations

$$0 = n(n+1)X_n + \frac{d.(1-u^2)\frac{dX_n}{du}}{du} + \frac{1}{1-u^2}\frac{d^2X_n}{d\omega^2},$$

$$0 = n'(n'+1)X'_{n'} + \frac{d.(1-u^2)\frac{dX'_{n'}}{du}}{du} + \frac{1}{1-u^2}\frac{d^2X_n}{d\omega^{2'}},$$

l'on aura $\int X_n X'_{n'}\,du\,d\omega = 0$, tant que les nombres n et n' seront inégaux : les intégrales étant prises depuis $u = -1$ jusqu'à $u = 1$, et depuis $\omega = 0$ jusqu'à $\omega = 2\pi$.

11°. Intégration de $X_n X'_n\,du\,d\omega$, relativement à ω, depuis $\omega = 0$ jusqu'à $\omega = 2\pi$.

12°. On conclut des n°s 10 et 11, qu'une fonction quelconque X' de u et ω, ne peut se développer que d'une seule manière en une suite finie ou infinie $X'_0 + X'_1 \ldots + X'_n +$ etc., dont chaque terme X'_n soit une fonction rationnelle et entière de u, $\sqrt{1-u^2}\sin.\omega$, $\sqrt{1-u^2}\cos.\omega$ assujétie à l'équation

$$0 = n(n+1)X'_n + \frac{d.(1-u^2)\frac{dX'_n}{du}}{du} + \frac{1}{1-u^2}\frac{d^2X'_n}{d\omega^2}$$

13°. L'attraction dépend de V_n et v_n, n°6. On suppose le sphéroïde composé de couches telles que la densité soit constante pour chacune d'elles et variable de l'une à l'autre, soit $r' = fonct.\,(u',\omega',a')$ l'équation de la surface qui termine l'une quelconque d'entr'elles, a' étant le paramètre dont la variation fait changer la densité Δ, et passer d'une couche à une autre, on trouve

$$V_n = \frac{1}{n+3}\int.\Delta\frac{d.r'^{n+3}}{da'}da'\,du'\,d\omega'\,T_n, \qquad v_n = \frac{1}{2-n}\int.\Delta\frac{d.r'^{2-n}}{da'}da'\,du'\,d\omega'\,T_n.$$

Ces intégrales ont pour limites $u = -1$; $u = +1$; $\omega = 0$, $\omega = 2\pi$; et les valeurs de a' qui répondent aux couches extrêmes.

14°. **HYPOTHESE.** *On suppose qu'une puissance quelconque de* r' *puisse se développer en une série de même forme que celle du n° 12.* Par suite on prend

$$r'^{n+3} = Z'_0 + Z'_1 \ldots + Z'_n + \text{etc.}, \qquad r'^{2-n} = z'_0 + z'_1 \ldots + z'_n + \text{etc.},$$

Z'_n et z'_n étant assujétis aux mêmes conditions que X'_n dans le n° 12. Par le théorême du n° 10, les valeurs précédentes de V_n et v_n deviendront

$$V_n = \frac{1}{n+3} \int \cdot \Delta \frac{d.Z'_n}{d a'} da' \, du' \, d\omega' \, T_n, \qquad v_n = \frac{1}{2-n} \int \cdot \Delta \frac{d.z'_n}{d a'} da' \, du' \, d\omega' \, T_n.$$

15°. Lorsque le sphéroïde est très-peu différent d'une sphère décrite de l'origine avec le rayon a, on prend pour l'équation de la surface $R = a\,(1 + \alpha Y'),\ (d)$, α étant une fort petite quantité de laquelle dépend l'excentricité, et Y' une fonction de u' et ω', dont la valeur ne doit rester comprise entre certaines limites. Par suite de l'hyp. du n° 14, on aura $Y' = Y'_0 + Y'_1 \ldots + Y'_n + $ etc., Y'_n étant assujéti aux mêmes conditions que Z'_n et z'_n. En bornant l'approximation à la première puissance de α, on trouve

$$V_n = \alpha\, a^{n+3} \int \cdot Y'_n \, du' \, d\omega' \, T_n, \qquad v_n = \alpha\, a^{2-n} \int \cdot Y'_n \, du' \, d\omega' \, T_n.$$

16°. *Il n'est pas démontré dans l'analyse connue que la forme donnée à* r'^{n+3}, *n° 14, soit légitime en général. Mais on peut justifier le développement précédent de* Y'.

Pour y parvenir, supposons que le point attiré soit à la surface du sphéroïde dont l'équation est $R = a\,(1 + \alpha Y')$. Menons la normale au point attiré, et imaginons une sphère de rayon a passant par ce point et ayant son centre sur la normale, la fonction V pourra se décomposer en deux parties, l'une A relative à la sphère, l'autre v relative à l'excès du sphéroïde sur la sphère, et l'on aura $V = A + v$.

Concevons maintenant que le point attiré s'élève au-dessus du sphéroïde d'une quantité infiniment petite dr dans le sens du rayon r, A croîtra d'une quantité $A' dr$, et il viendra $\frac{d V}{dr} = A' + \frac{d v}{dr}$.

On a $A = \frac{4}{3}\pi a^2$: pour obtenir A', je nomme u l'angle compris entre la normale et le rayon r; la distance du centre de la sphère au point attiré, dans sa nouvelle position, sera égale à $\sqrt{(a^2 + dr^2 + 2\,a\,dr \cos. u)}$; et pour cette position A deviendra, aux quantités du second ordre près, $\frac{4}{3}\pi a^2 - \frac{4}{3}\pi a\, dr$; donc on a $A' = -\frac{4}{3}\pi a$.

(*d*) Cette forme a été donnée au rayon vecteur par D'ALEMBERT, dans ses *Rech. sur le Syst. du Monde*, 2ᵉ part., p. 265. Ce géomètre est le premier qui se soit occupé des sphéroïdes non elliptiques, mais très-peu différens de la sphère.

Pour avoir $\frac{d\rho}{dr}$, soit f la distance du point attiré, situé sur la surface, à la molécule μ,

on a $\rho = \int \frac{\mu}{f}$ d'où $\frac{d\rho}{dr} = -\int \frac{\mu}{f} \frac{df}{f dr}$.

Si l'on fait $\delta = u u' + V(1 - u^2) V(1 - u'^2) \cos. (\omega - \omega')$, on a $f^2 = r^2 - 2 r r' \delta + r'^2$, donc $\frac{df}{f dr} = \frac{r - r' \delta}{r^2 - 2 r r' \delta + r'^2}$. Puisque le point attiré est à la surface du sphéroïde, on a $r = a(1 + \alpha Y)$, Y étant la valeur de Y' où l'on a changé u' et ω' en u et ω. Faisons d'ailleurs $r' = a(1 + \alpha y')$, y' ne devra prendre de valeurs que depuis zéro jusqu'à Y', donc, au second ordre près, il vient

$$\frac{df}{f dr} = \frac{1}{2a} \; \frac{1 - \delta + \alpha(Y - y' \delta)}{1 - \delta(1 - \delta)\{1 + \alpha(Y + y')\}}.$$

Comme la valeur de μ contient dr', et que cette différentielle est égale à $a \alpha dy'$, il ne faudra prendre dans l'expression précédente que les termes indépendans de α. Ce qui la réduit à $\frac{1}{2a}$. On a donc $\frac{d\rho}{dr} = -\frac{1}{2a} \int \frac{\mu}{f} = -\frac{1}{2a} \rho = -\frac{1}{2a} (V - A)$.

En remplaçant A par $\frac{4}{3}\pi a^2$, il vient enfin

$$\frac{1}{2} V + a \frac{dV}{dr} = -\frac{2}{3} \pi a^2.$$

Cette équation (e) mérite la plus grande attention. Elle laisse l'origine du rayon r indéterminée, seulement elle la suppose très-voisine du centre de gravité du sphéroïde.

Si l'on met dans cette équation au lieu de V la série $\frac{V_0}{r} + \frac{V_1}{r^2}$ + etc., qu'on remplace r par sa valeur $a(1 + \alpha Y)$, on trouve

$$Y = \frac{1}{4 \alpha \pi a^3} \left(V_0 + \frac{3 V_1}{a} + \frac{5 V_2}{a^2} + \frac{7 V_3}{a^3} + \text{etc.} \right):$$

expression qui donnera, en y changeant u et ω en u' et ω', la valeur de Y' sous la forme qu'il fallait légitimer.

17°. Y étant exprimé par $Y_0 + Y_1 \ldots + Y_n +$ etc., la comparaison de cette série avec la précédente donnera

$$V_n = \frac{4 \alpha \pi a^{n+3}}{2n + 1} Y_n.$$

Cette formule, rapprochée de celle du n° 14, donne

$$(D) \quad \ldots \ldots \ldots \quad \int . Y'_n \, du' \, d\omega' \, T_n = \frac{4\pi}{2n + 1} Y_n;$$

(e) J'ai changé l'analyse par laquelle M. LAPLACE arrive à cette équation, tom. II, p. 27 de sa *Méc. cél.*, afin de lui donner une forme plus rigoureuse. M. LAGRANGE est entré à ce sujet dans des développemens étendus, *Journ. de l'Ec. Polyt.* 15e cahier.

Donc *la double intégration faite sur* Y' *du'* $d\omega'$ T$_n$, *entre les limites* $u = -1$ *et* $u = 1$, $\omega = 0$ *et* $\omega = 2\pi$, *ne fait que transformer cette différentielle en* $\dfrac{4\pi}{2n+1}$ Y$_n$, Y$_n$ *étant la valeur de* Y'$_n$ *où l'on a mis* u' *et* ω' *à la place de* u *et* ω.

Ce théorême réduit les valeurs de V$_n$ et v_n, n° 14, à des intégrales simples, savoir :

$$V_n = \frac{4\pi}{(2n+1)(n+3)} \int \cdot \Delta \frac{d.Z_n}{da'}\, da', \qquad v_n = \frac{4\pi}{(2-n)(2n+1)} \int \cdot \Delta \frac{d.z_n}{da'}\, da',$$

Z$_n$ et z_n étant ce que deviennent Z'$_n$ et z'_n en y changeant u' et ω' en u et ω.

18°. La différentielle X$_n$ X'$_n$ $du\, d\omega$ a été intégrée relativement à ω, n° 11. L'équation (D) donne le moyen de faire la seconde intégration.

19°. *Lorsque le sphéroïde est de révolution*, l'intégrale du n° précédent, qui donne V$_n$, se simplifie. Sa valeur générale pour ce cas, comparée à la valeur particulière qu'elle prend lorsque le point attiré est sur l'axe, montre *comment, avec la série qui donne* V *relativement à un point situé sur l'axe, l'on forme celle qui est relative à un point placé à la même distance de l'origine sur un rayon quelconque* (*f*).

20°. *Lorsque le sphéroïde n'est pas de révolution, mais qu'il est symétrique par rapport à trois plans rectangulaires, la valeur générale de* V *s'obtient facilement, lorsque cette fonction a été préalablement déterminée pour le cas où le point attiré est dans le plan de l'équateur.*

21°. *Développement des formules relatives aux sphéroïdes presque sphériques* (*g*). Celles qui se rapportent aux sphéroïdes homogènes se simplifient en prenant l'origine du rayon de la surface au centre de gravité du solide, et en faisant entrer dans son expression le rayon d'une sphère égale en volume au sphéroïde.

(*f*) Ce théorême a été donné d'abord par M. LEGENDRE, relativement aux séries qui expriment l'attraction. *Sav. Etr.*, tom. X.

(*g*) En donnant à ces formules une autre place que dans *la Méc. cél.*, j'ai dû faire quelques changemens à l'analyse de M. LAPLACE.

Figure des Planètes.

22°. ÉTAT de la question, pour former l'équation de laquelle dépend la constitution permanente d'une planète, l'on doit calculer trois espèces de termes :

1. Ceux qui sont dus à l'attraction des parties de la planète sur une quelconque de ses molécules ;

2. Ceux qui sont dus à l'action immédiate des corps étrangers sur cette molécule ;

3. Enfin ceux qui proviennent de l'action de ces corps sur le centre de gravité du sphéroïde (*h*).

23°. L'excentricité de la planète est produite par la vitesse angulaire, et l'action des corps étrangers.

24°. Une simple différentiation donne la pesanteur en un point quelconque de la planète.

25°. En supposant le sphéroïde homogène, et prenant pour le rayon de sa surface une série de la même forme que dans le n° 15, on détermine, au second ordre près, la forme de cette surface, et la pesanteur des points qui y sont situés.

26°. Lorsqu'aucun corps étranger n'agit sur la planète et qu'on la suppose homogène, *sa figure est celle d'un ellipsoïde de révolution* (*i*). Loi des variations du rayon et de la pesanteur à sa surface.

27°. On démontre la proposition précédente, sans recourir aux séries.

28°. En général, *la figure de l'ellipsoïde de révolution est rigoureusement compatible avec la rotation uniforme d'une masse fluide homogène* (*k*).

(*h*) Il n'est pas permis de supposer que cette action soit la même que si toute la masse du sphéroïde était réunie en ce point. C'est pourquoi j'introduirai dans mes calculs des termes qui ne se trouvent pas dans *la Méc. Cél.*

(*i*) Cette proposition, après avoir beaucoup exercé les géomètres, a été démontrée la première fois par M. LEGENDRE, *Ac. des Sc.* 1784.

(*k*) Cette proposition, admise par NEWTON dans ses principes, a été démontrée d'abord par MACLAURIN, *Tr. des Flux. art.* 636.....640.

Lorsque l'ellipsoïde est alongé, il doit être rejeté, et lorsqu'il est aplati, il est nécessaire que la force centrifuge ne surpasse pas une certaine limite.

29°. Lorsque la vitesse angulaire est fort petite, on détermine pour l'excentricité une très-petite et une très-grande valeur.

30°. Expression de la pesanteur en fonction de la distance à l'équateur — de la normale — de la latitude.

31°. Application des formules précédentes au sphéroïde terrestre. On détermine les constantes au moyen des trois quantités suivantes :

1. Le nombre de secondes que la terre met à tourner sur elle-même;

2. Le degré du méridien mesuré à la latitude de 50°;

3. La longueur du pendule qui bat les secondes à cette même latitude.

Rapport du rayon de l'équateur à celui du pôle. Valeur absolue de ce dernier.

32°. THÉORÈMES sur la moindre valeur du tems de la rotation qui permette la figure elliptique à une planète homogène.

Vu par le Doyen de la Faculté des Sciences,

S.-F. LACROIX.

www.ingramcontent.com/pod-product-compliance
Ingram Content Group UK Ltd.
Pitfield, Milton Keynes, MK11 3LW, UK
UKHW021711090726
13657UKWH00005B/2185

9 782019 284602